小牛顿科学馆 全新升级版

电

DIAN

台湾牛顿出版股份有限公司　编著

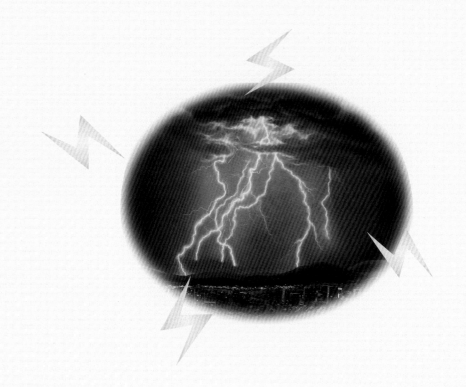

接力出版社
Publishing House

桂图登字：20-2016-224

简体中文版于2016年经台湾牛顿出版股份有限公司独家授予接力出版社有限公司，在大陆出版发行。

图书在版编目（CIP）数据

电／台湾牛顿出版股份有限公司编著．—南宁：接力出版社，2017.7（2024.1重印）
（小牛顿科学馆：全新升级版）
ISBN 978-7-5448-4926-5

Ⅰ．①电…　Ⅱ．①台…　Ⅲ．①电－儿童读物　Ⅳ．①O441.1-49

中国版本图书馆CIP数据核字（2017）第145935号

责任编辑：程　蕾　郝　娜　美术编辑：马　丽
责任校对：刘哲斐　责任监印：刘宝琪　版权联络：金贤玲
社长：黄　俭　总编辑：白　冰
出版发行：接力出版社　社址：广西南宁市园湖南路9号　邮编：530022
电话：010-65546561（发行部）　传真：010-65545210（发行部）
网址：http://www.jielibj.com　电子邮箱：jieli@jielibook.com
经销：新华书店　印制：北京瑞禾彩色印刷有限公司
开本：889毫米×1194毫米　1/16　印张：4　字数：70千字
版次：2017年7月第1版　印次：2024年1月第11次印刷
印数：69 001—76 000册　定价：30.00元

目 录

写给小科学迷

日常生活中,从照明设备到交通工具的使用,样样都需要电。在科学家的努力研究下,由电磁铁的应用发展出的高速行驶的"磁悬浮列车",不但缩短了往来两地的时间,也提供了高速且平稳的乘车环境。科技发明让我们有舒适的生活环境,但也加大了电的使用率,加深了人类对电的依赖,造成了能源缺乏的问题。因此,如果我们希望能永久享受"电"所带来的便利,那么,我们使用电器时,一定要节约用电哟!

科学主题馆

生活中看不见的大功臣——电

现在闪亮登场的是 20 世纪的超级巨星。自从它进入人类的生活后，就大大改变了我们的世界。它围绕在我们四周，可是没有人能说出它到底长什么模样。它是我们的好帮手，不过我们若偶尔"冒犯"到它，它也会毫不客气地整得我们麻麻的，甚至引发更大的危险。它到底是谁呢？就是"电"。你猜对了吗？

现在，所有的节目都由正电宝宝和我负电宝宝主演，我们将为你揭开电的秘密。

欢迎大家观赏我们的表演！

电在哪里?

　　使用中的电线、插座中都有电，电池里面也装了电。我们怎么证明有电呢？

　　看到电灯发光、电视机播出画面和声音，我们就知道这些电器通了电。玩具车会跑，也表示电池里有电。

　　想一想，除了这些，你还在哪里发现过电？

冬天脱毛衣时会听到啪啦的声响，这是正电宝宝遇到负电宝宝，放出能量所发出的声音！

放心！放心！这不是魔鬼的法力，只是电宝宝跟你开个小玩笑！

闪电

想要用计算机上网，必须有我们帮忙才行。

正电宝宝和负电宝宝相遇，也会产生光和热。闪电就是这样的原理！

5

正负电互相吸引

　　带电的两样物体，如果带同样的电，就会互相排斥；带不同的电，就会互相吸引。也就是正电会排斥正电，负电会排斥负电，正电遇到负电就会互相吸引。

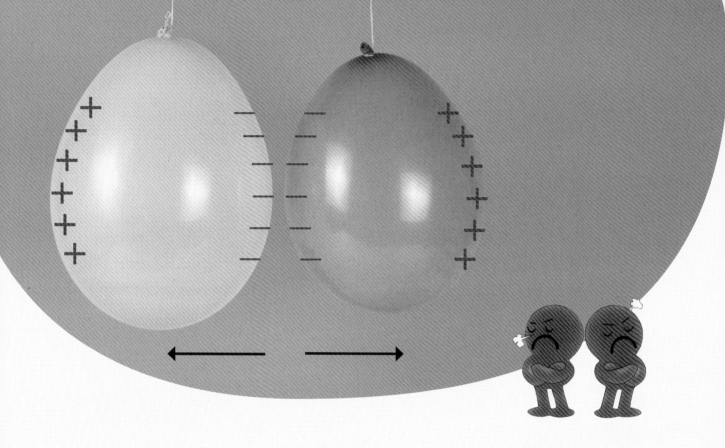

物体摩擦带什么电？

　　1.所有的物体都带正电和负电，但大多数物体所带的正负电一样多，互相抵消，所以我们感觉不到电。

　　2.两样物体互相摩擦后，其中一个物体的负电会跑到另一样物体上。

将泡沫塑料和桌面摩擦，泡沫塑料很容易就带电了。

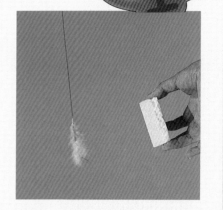

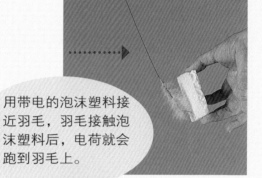

用带电的泡沫塑料接近羽毛，羽毛接触泡沫塑料后，电荷就会跑到羽毛上。

带正电

带负电

甲

乙

3. 正电比负电多的物体，就带正电。负电比正电多的物体，就带负电。

实验结果记录

用带了电的羽毛测试下列物体，看看会不会和羽毛相吸？会的打√，不会的打×。

☐ 用无纺布摩擦的尺

☐ 摩擦过尺的无纺布

☐ 用泡沫塑料摩擦的塑料管

☐ 摩擦过塑料管的泡沫塑料

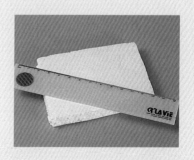

☐ 用泡沫塑料摩擦的尺

☐ 摩擦过尺的泡沫塑料

7

垫板上的吸引力

小人偶跳舞，蝴蝶快乐地飞翔。是什么原因让小人偶和蝴蝶运动呢？原来是垫板上的电在向小人偶和蝴蝶上的电招手，吸引它们过来！

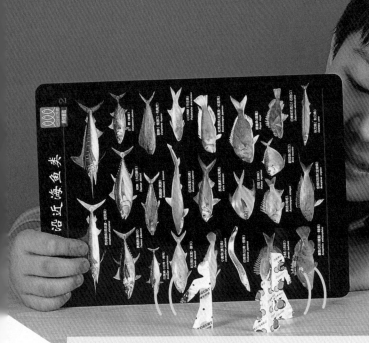

小人偶为什么会跳舞？

1. 在小人偶和蝴蝶身上，正电和负电成对地在一起。

2. 当带了电的垫板靠近时，和垫板上的电相吸的电会朝向垫板，和垫板上的电相斥的电则会远离。当吸引力大于排斥力时，不带电的小人偶和蝴蝶就会被带电的垫板吸引。

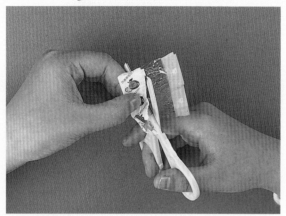

1.将糖果纸剪成小人偶和蝴蝶的形状。

2.让小人偶和蝴蝶在舞台上就位。

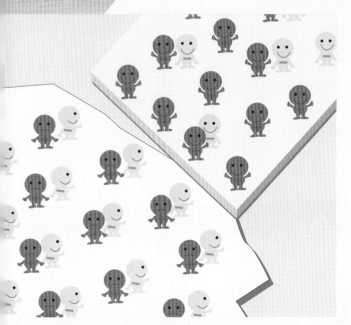

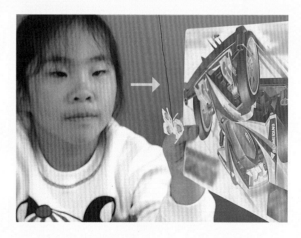

3.摩擦过的垫板一靠近小人偶和蝴蝶,就会把它们吸引过来。不断移动垫板,小人偶和蝴蝶就会跳舞、飞翔啦!

金属中的负电

　　小人偶和蝴蝶是用不导电的糖果纸做成的，里面的电只能改变受力方向，不能自由移动。在金属中，负电能自由地跑来跑去。现在，负电正摩拳擦掌，准备进行一场马拉松表演赛。

负电在金属中可自由移动

1.在金属中，负电可以自由地跑来跑去。

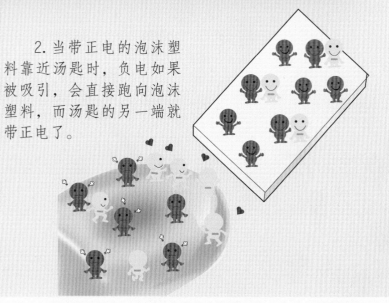

2.当带正电的泡沫塑料靠近汤匙时，负电如果被吸引，会直接跑向泡沫塑料，而汤匙的另一端就带正电了。

我的小实验

准备一条长电线，在电线的一端附近挂上一根毛茸茸的羽毛。

当带正电的尺接近没有羽毛的那一端，负电就开始跑了！睁大眼睛看，电的速度很快哟！

负电都跑到接近尺的那边，现在电线的左边带有正电，所以可以将羽毛吸引过来。

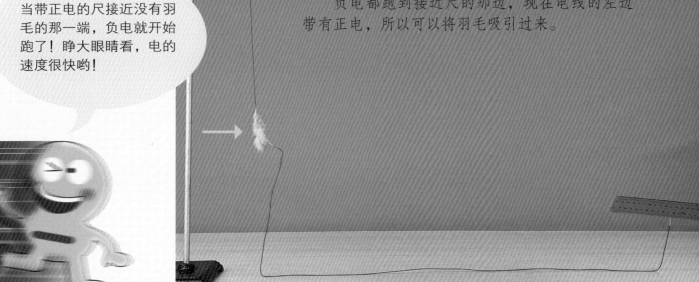

追踪负电

电线的铜线部分是金属材料,所以其中的负电可以自由移动。没有接上电池的时候,这些负电则朝各个方向乱跑。用正确的方法接上电池以后,负电就会乖乖地朝同一个方向前进。现在,我们就来追踪负电从电池的负极出发后,究竟会怎样走向正极。

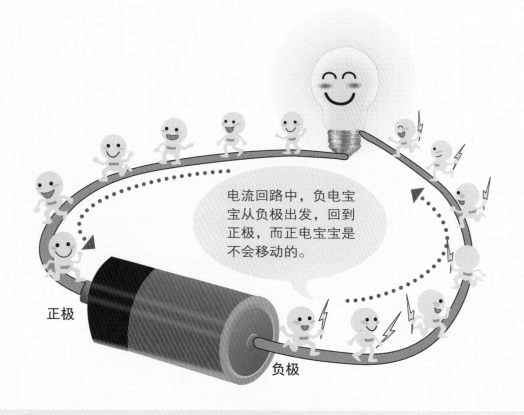

电流回路中,负电宝宝从负极出发,回到正极,而正电宝宝是不会移动的。

正极

负极

电池中的电流回路

1.电池里装有会发生化学反应的材料,如果正、负极用导体连接起来,这些化学反应就会开始进行。电路中对电流方向的定义有两种,一种称"一般电流",此种电流,电荷由电池正极出发,经由回路回到负极。另一种称"电子流",此时电子由电池负极出发,经过回路回到正极,由灯泡转化为光和热。

2.当回路形成时,电池内部就会发生化学反应,负电就会带着能量,从负极流出电池,经由回路,再流回电池正极。

12

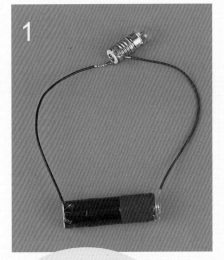

1

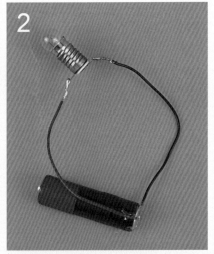

2

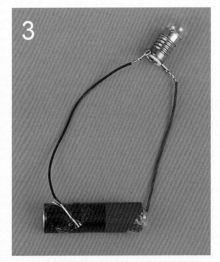

3

试一试哪些接法可
以让小灯泡发亮。

4

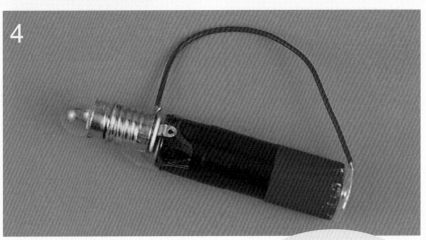

如果灯泡亮了，观察一下
负电从负极跑出来以后，
经过怎样的路径才回到正
极。如果灯泡没亮，检查
看看是哪里有问题。

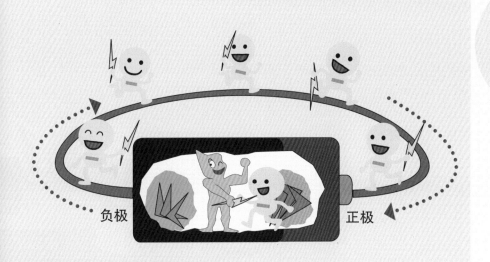

负极

正极

电池能量库

电池就像一个能量库，可以推动负电前进。负电经过电池的时候，会把电池的能量带出来，使灯泡发亮或马达转动。通过的电池越多，负电带的能量就越多。

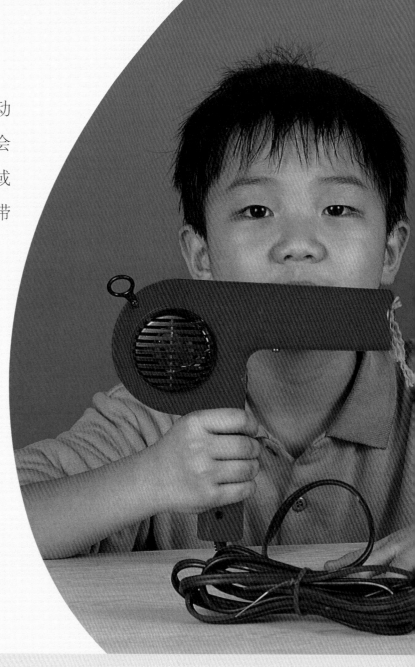

负电通过电池

1. 如果把很多个电池的正、负极连接起来，这些电池就会进行化学反应，产生较多的能量。

2. 当电路不通时，电池的化学反应就会终止，不会产生电能。

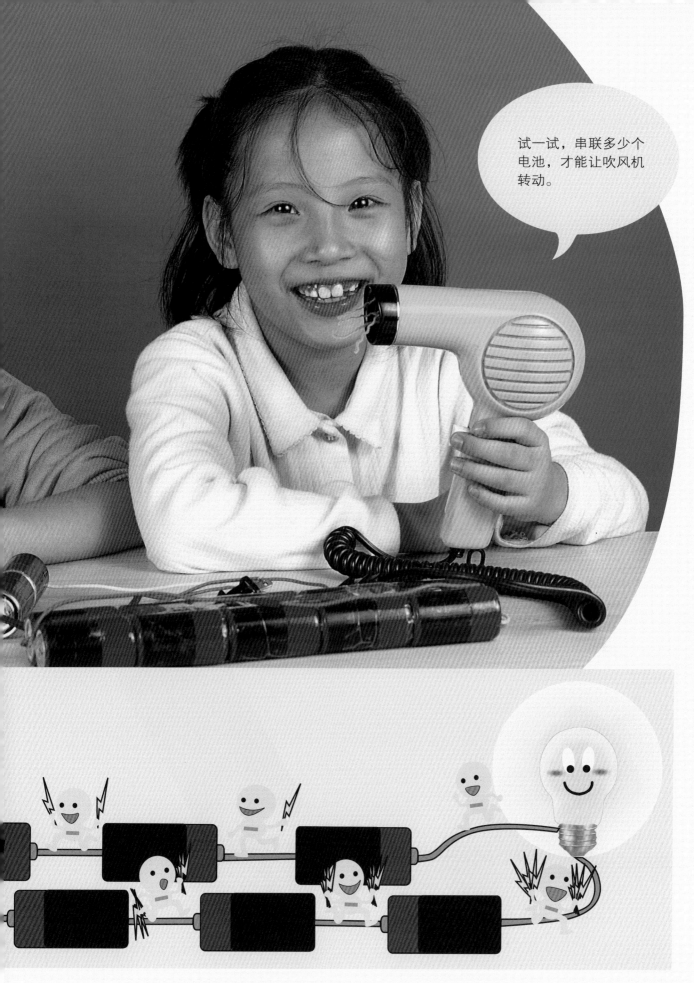

试一试，串联多少个电池，才能让吹风机转动。

15

哪个亮得时间长？

　　电路有两种连接电源的方法，"串联"和"并联"。串联电路中，所有的电会走同一条路。并联电路中，电先分成两条路再会合。

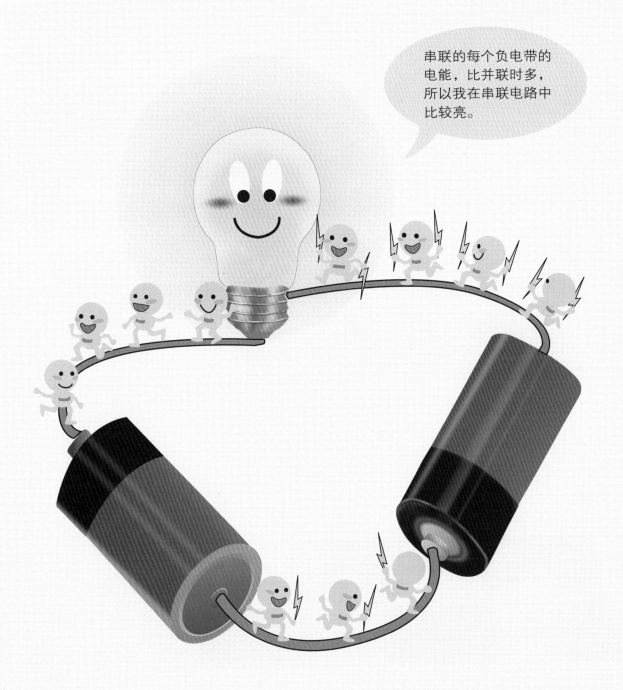

并联电路中的每个负电只带固定的电能，所以亮度不会因为有两个电池而增加，不过可以让我亮得比较久。

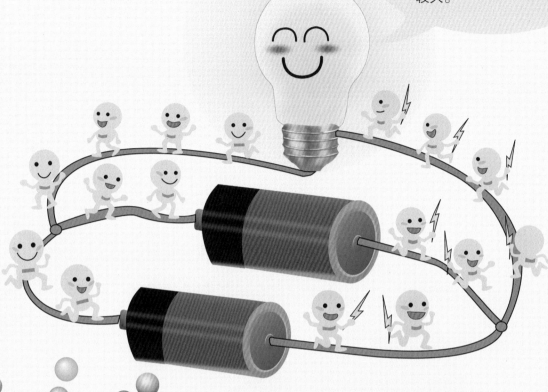

我的小实验

连接这三种电路，并完成下面的记录表。

串联电路

一个电池的电路

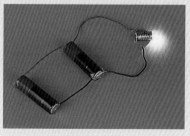

并联电路

实验结果记录表

电路类型	开始发光时间	灯熄时间	发光多久（分钟）
一个电池的电路			
串联电路			
并联电路			

什么是短路？

　　负电从电池出来之后，必须把能量消耗掉再回到电池，才不会发生危险。如果电路中没有消耗能量的电器，负电跑出电池后，所带的能量就会变成热能，这时电线中的电流会过大，并可能会产生火花，造成"短路"。

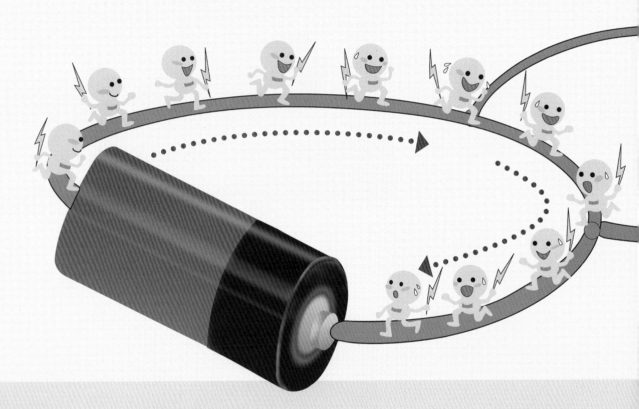

电线短路

　　1.在正常情况下，电从插座的一个孔流出来，经过电线到达电器，再经过电线回到插座。

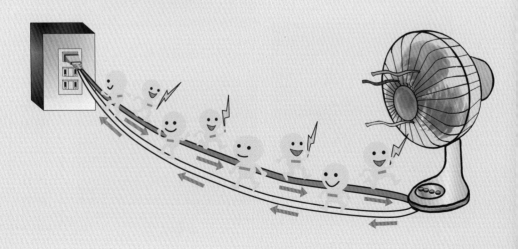

我的小实验

扫一扫，看视频

插座里的秘密

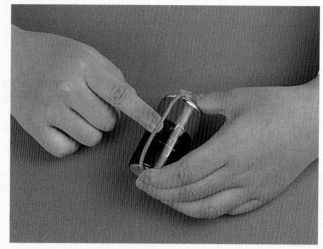

把1号电池的正极和负极用一根电线连在一起，等两分钟，用手摸摸看，电线和电池是否发烫了？

如何防止电线短路呢？

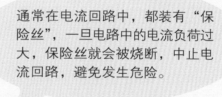

通常在电流回路中，都装有"保险丝"，一旦电路中的电流负荷过大，保险丝就会被烧断，中止电流回路，避免发生危险。

2.如果电线破损，其中的铜线碰在一起，负电会从这个地方流回插座，不会经过电器，这样就会发生短路现象。电线短路可能会造成火灾，非常危险，所以，同一个插座不可以同时接很多个电器。

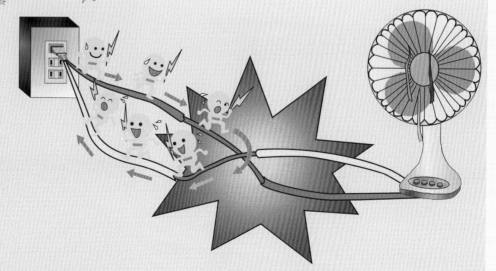

电能转化成热能

从短路的实验中，我们已经看到电能可以变成热能。如果善用适当的装置，就可以安全地使用由电转化成的热了！

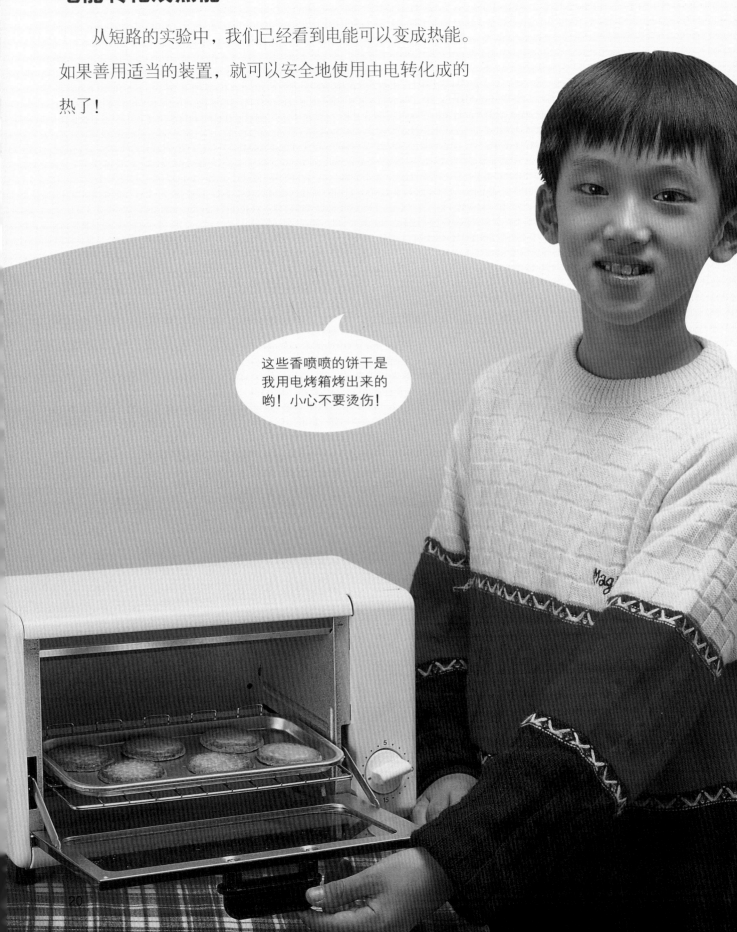

这些香喷喷的饼干是我用电烤箱烤出来的哟！小心不要烫伤！

电能转化成光能

电能转化成光能，在自然界中有闪电的例子。在日常生活中，许多照明工具也都是运用电的不同特性制造出来的。

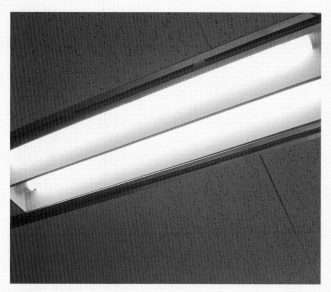

日光灯

灯管内壁涂上了荧光物质，只要一点点电，就能激发荧光物质发光。

灯泡

电通过灯泡中的灯丝，就能使灯泡发光。

霓虹灯

电激发霓虹灯灯管中稀薄的气体分子，就能使它们发出不同颜色的荧光。

图片作者：f11photo / Shutterstock.com

电能传递信息

电的传导速度很快，在很早以前就有人想把它应用在通信上。原理很简单，如果有人在电线一端的机器设备中输入信息，信息会被转换成电路接通断开的组合，在电线另一端的设备会将这些电路接通断开的组合，转换成声音或影像，电线另一端的人就可以收到信息了。如果再配合不同的电力来改变电流的强弱，就可以产生不同强弱的磁力，使喇叭发出各种不同的声音。

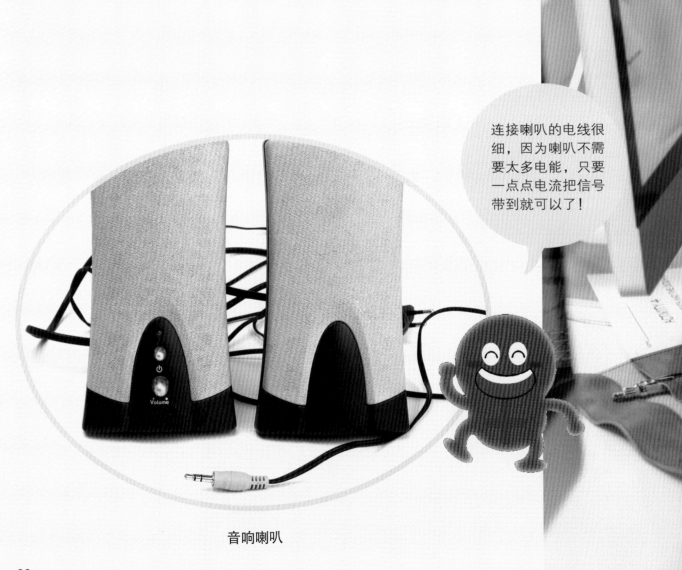

连接喇叭的电线很细，因为喇叭不需要太多电能，只要一点点电流把信号带到就可以了！

音响喇叭

计算机执行各项工作的时候，其实也是靠电路的接通和断开在计算呢！

电能的广泛应用

　　如果先将磁铁适当地安装在线圈旁边，等线圈通了电流，产生磁场，和磁铁的磁场相吸或相斥，线圈就会开始转动，这就是马达的原理。日常生活中，许多物品都必须靠着马达来转动。

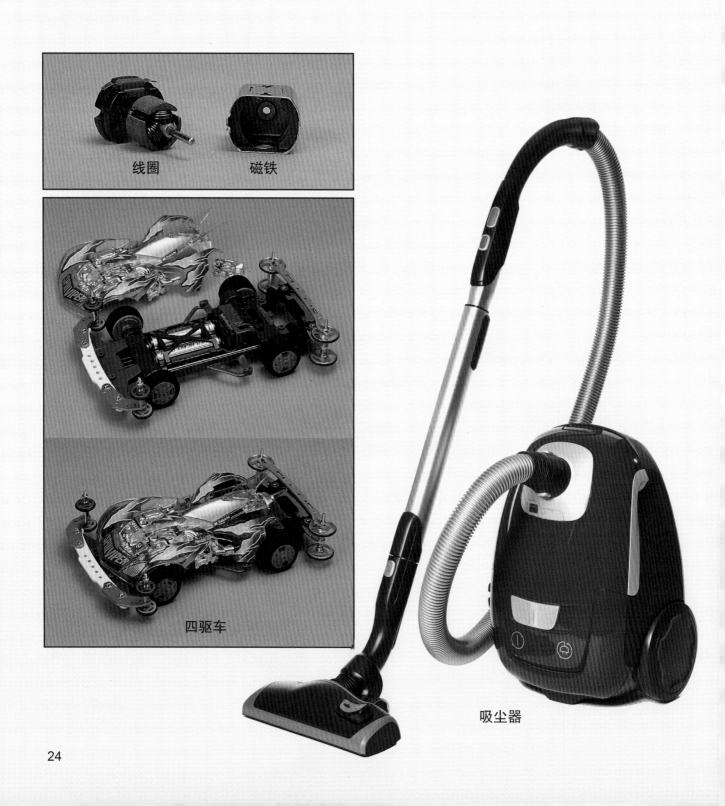

线圈　　　　　磁铁

四驱车

吸尘器

洗衣机

电风扇

日常生活中，我们常利用电的能量使化学反应发生。工业上常用电来纯化、制造金属，或是将金属镀到器物的表面。电也可以让普通的铁变成电磁铁，电流越大，磁性越强，利用这种方法很容易控制磁性的强弱，常被运用在工业上。"电"真是人类生活中看不见的大功臣。

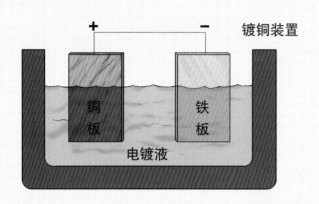

镀铜装置

电镀

电镀可以使金属均匀地覆盖在器物表面，许多装饰品和名贵的笔，都用电镀的方式来美化。如左图所示，通电后，正极铜板中的铜元素会分离出来，并附着在负极的铁板表面。

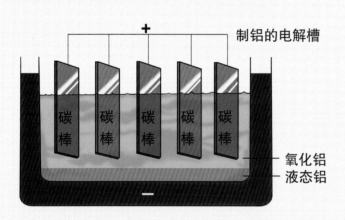

制铝的电解槽

电解

很多金属都是用电解法制取的。用电解法制成的金属很纯，所以有些提炼完成的金属纯化时，也会用电解的方式。如左图所示，通电后，就可获得很纯的液态铝。

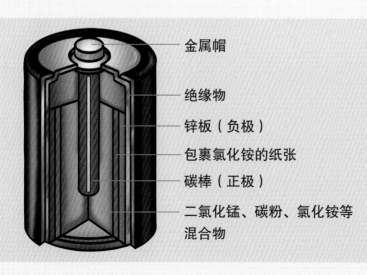

金属帽

绝缘物

锌板（负极）

包裹氯化铵的纸张

碳棒（正极）

二氧化锰、碳粉、氯化铵等
混合物

电池

电的能量可以使化学反应发生，有些化学反应也能反过来产生电哟！例如：电池中装了许多化学反应的材料，当化学反应发生时，电池就会产生电能。

在废铁厂，常将一块大圆铁通电后，使它变成电磁铁，来搬运各种铁质废弃物。

闪电是怎么形成的?

　　夏天的天空，常出现一种形状像花椰菜的积雨云。积雨云在形成的过程中，云里的水滴会受到旺盛气流的摩擦而产生静电，正、负电会分别聚集在上、下方。正、负电越聚越多，相互的吸引力也越来越大。正、负电之间的电压差达 10 亿伏特时，便会冲破空气的阻隔而接触，同时放出强大的能量，造成闪电和雷击的现象。闪电的瞬间电流可达 20000—150000 安培，是家用电流 5—10 安培的几千甚至上万倍呢!

闪电形成过程

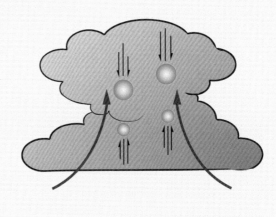

1. 当地表受到太阳照射，大量的水汽便会蒸发上升，再升高遇冷而凝结成积雨云。

2. 积雨云里面的空气对流很旺盛，小水滴会聚集，由小变大而落下。

3. 在落下的过程中，水滴遇到了强劲的上升气流，因摩擦而产生正、负电。

4. 带正电的小水滴较小、较轻，悬浮在上方，带负电的水滴较大、较重，则分布在下方，地面会受到感应而聚集正电。

5. 积雨云里、积雨云之间、积雨云和地面之间，会因正、负电互相中和而发生闪电和雷击，有时还伴随着阵雨，因此积雨云也叫"雷雨云"。

风雨天放风筝

"哈哈哈，富兰克林这个家伙真是太荒谬了，他居然认为天上的闪电和普通的电是同样的东西，真是个大笑话！"

"是啊！他提出这个想法，却没有提出证据来，怎么能令人信服呢？"

这是 1753 年的事情，当时富兰克林发表论文，提出正电和负电的理论，又认为天上的闪电和日常生活中所使用的电是相同的，这些论点受到许多科学家的嘲笑。但是富兰克林并不在意，他决心要以实验来证明他的理论。

出身贫苦的少年

富兰克林于 1706 年出生在美国波士顿。他的父亲是一个制造蜡烛和肥皂的小企业主，收入不多，所赚的钱勉强可以过日子，几乎没有多余的钱可以供孩子们上学。因此富兰克林只读了两年小学，就回家帮父亲照料生意，但是他的求知欲很强，非常喜欢阅读，只要一有空闲，他就埋头看书。

父亲看到富兰克林这种情形，便把他送到哥哥詹姆士的印刷厂去做学徒。这样一来，富兰克林不但可以学到一技之长，还可以增加接近书籍的机会。在印刷厂当了几年学徒以后，富兰克林便自己出来闯天下，例如办报纸、开印刷厂等。平常有空时，富兰克林便自己动手制造简单的小机械或是做实验。

热衷科学实验

"啊，忙了一天，终于有空做实验了。嗯，这本书上介绍电击法，电击法能杀死火鸡吗？试试看吧！"

谁知道富兰克林做实验时，不小心出了差错，火鸡安然无恙，富兰克林却晕倒在地上。富兰克林恢复意识时，还开自己玩笑说："我本来想杀死一只火鸡，却差一点儿误杀了一只呆头鹅！"

富兰克林对科学实验很有兴趣，又做了许多有关电方面的实验，于是他把心得写成论文发表，但是"闪电和电是相同的东西"这个说法引起相当多的争议和嘲笑。富兰克林和儿子威廉默默地准备所需的各种器材，等待机会向世人证明他的论点。

风雨天的大收获

有一天下午，空中乌云密布，雷声隆隆，然后就下起了倾盆大雨。

"机会终于来了，威廉，我们走吧！"

富兰克林和儿子威廉拿起风筝和莱顿瓶，匆匆跑向牧场，放起风筝来。

所谓的"莱顿瓶"，就是在瓶身内外都贴上金属箔片，可以收集大量电荷的玻璃瓶子。

富兰克林在风筝下面连上一根铁丝，同时在风筝线的末端系上一串钥匙。

"哎哟！好麻啊！电来了！"

在大风雨中，富兰克林伸手去碰触风筝线上的钥匙时，出现了一道闪光，富兰克林的手又痛又麻。

"威廉，快把莱顿瓶拿来，收集云里面的闪电。"

这实在是一个非常危险的实验，只要闪电击中风筝，富兰克林父子就会被烧成焦炭。幸好他们终于平安地完成实验，并且将莱顿瓶带回家，接到电铃上。

　　"丁零——"电铃马上响了起来。

　　富兰克林不禁高兴地跳起来："啊！终于成功了！从云端引来的电可以使电铃响个不停，表示云中的闪电和普通的电是同样的东西。"

　　"不论是人或是房屋，一旦被闪电击中，后果就不堪设想，我得想想办法。"

　　不久之后，富兰克林又发明了避雷针以减少雷电所造成的伤害。

　　★关于富兰克林的风筝实验，仍有历史学家和科学家怀疑他是否真的实施了该实验。读者不能盲目地模仿这个实验，十分危险，会危及生命！

由于这些成就，英国皇家学会选富兰克林为荣誉会员，又颁发金质奖章给他。

富兰克林对自己的发明，从来不申请专利，也不借机谋取利益。

"四海之内皆兄弟，有好的发明，应该让世人共享，怎么可以对自己的兄弟收取费用呢？"

富兰克林不但是科学家，也是美国的政治家、哲学家及出版家。此外，他也是领导美国独立战争、起草美国《独立宣言》的众多人士之一，并且出席宪法制定会议。这些都是富兰克林积极上进、努力不懈的成果。

电灯的发明和演变

　　电灯出现前，如果晚上想要继续做事，只能点燃火把、蜡烛或煤油灯照明，但这些照明器具使用起来不方便，还可能引起火灾，十分危险。

　　煤油灯是电灯发明前的主要照明工具，煤油灯是以煤油作为燃料，若使用方式不对，或是不小心打翻，都可能会造成火灾。

为了解决晚间照明的问题，科学家曾研究过很多物质，他们发现，将某些物质通电会发出光亮，但这些物质发亮的时间却太短。爱迪生也针对这个问题不断研究，经历了多次的失败，终于发明了白炽灯，从此以后，白炽灯成为家家户户必备的照明灯具。

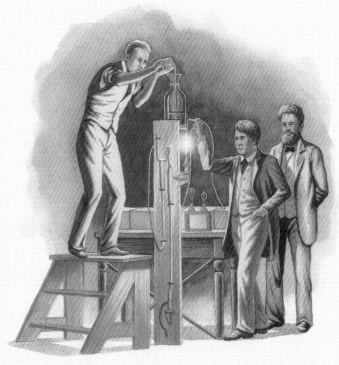

美国科学家爱迪生利用竹炭丝作为电灯的灯丝，竹炭丝发亮的时间可达1000多小时，为了让电灯可以被广泛使用，爱迪生还改良了当时的电力系统。

现代的白炽灯

现在白炽灯的灯丝为钨。白炽灯能够发亮，是因为电流不容易通过灯泡里的钨丝，在通过时会消耗电能，钨丝产生高温，并发光，所以白炽灯点亮时，会发热烫手。

钨丝

通电前

通电后

气体通电产生亮光

　　20 世纪初，科学家发明了另一种与白炽灯截然不同的电灯——荧光灯。荧光灯是一种放电灯，也就是利用电来激发灯管内充填的氩气跟汞蒸气，进而发出亮光。荧光灯比白炽灯更省电，也不容易发热。后来还陆续出现了各式各样色彩缤纷的霓虹灯。灯不只用来照明，也开始有了其他的功用。

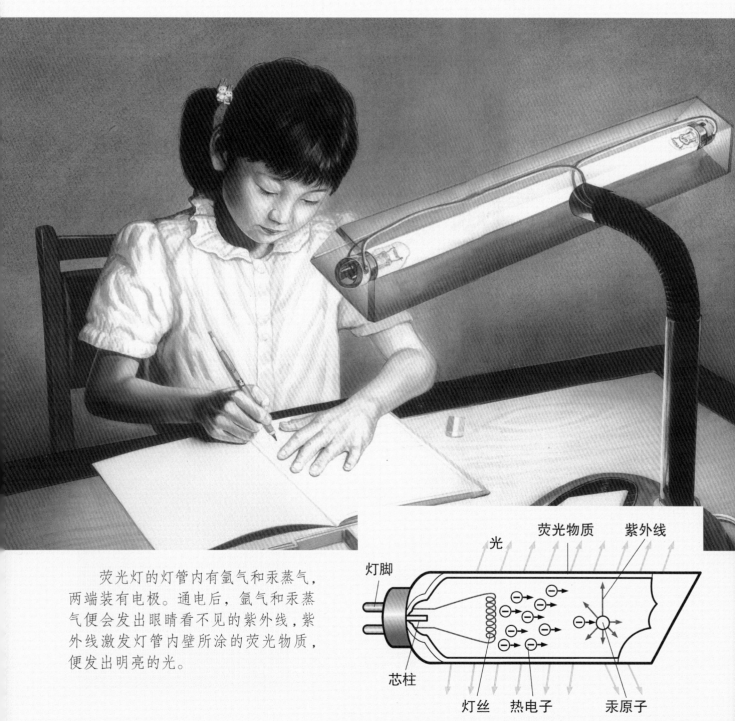

　　荧光灯的灯管内有氩气和汞蒸气，两端装有电极。通电后，氩气和汞蒸气便会发出眼睛看不见的紫外线，紫外线激发灯管内壁所涂的荧光物质，便发出明亮的光。

图片作者：MCarter / Shutterstock.com

红色：氖气
粉红色：氖气＋蓝色荧光粉
橙红色：氖气＋绿色荧光粉
蓝色：氩气＋汞蒸气＋蓝色荧光粉
绿色：氩气＋汞蒸气＋绿色荧光粉

　　科学家发现将氖气通电后，会发出红色的光，只要再搭配不同颜色的灯管，或是不同气体，就可以变化出各种不同颜色的光。霓虹灯广告招牌上的颜色变化，就是这样产生的。

　　电灯发明200多年，因为电力系统的普遍铺设，加上电灯的越来越多样化，夜晚的世界不再一片黑暗，人们在晚上可以继续做事，社会也越来越进步。

新时代的照明工具

除了白炽灯和荧光灯外，科学家也研发出了其他种类的照明用具，例如发光二极管以及光纤。科学家进行半导体实验时，意外发现半导体会发光，后来研发出发光二极管，也就是LED。为了让光线可以传到很远的地方，LED还可以搭配光纤使用，光纤是玻璃或塑料制成的纤维，光经过这些纤维并不会散掉。

发光二极管一开始只能发出微弱的光线，且成本高，所以仅使用在计算机的指示灯上，后来研发出亮度强，且有不同颜色的发光二极管，成本也变低。因其体积小，发光效果好，使用寿命长，不易破损，近年的使用率逐渐变高。

发光二极管的使用范围很广，不仅用在照明方面，也能用在电子广告牌或灯饰上。

让光线传得远

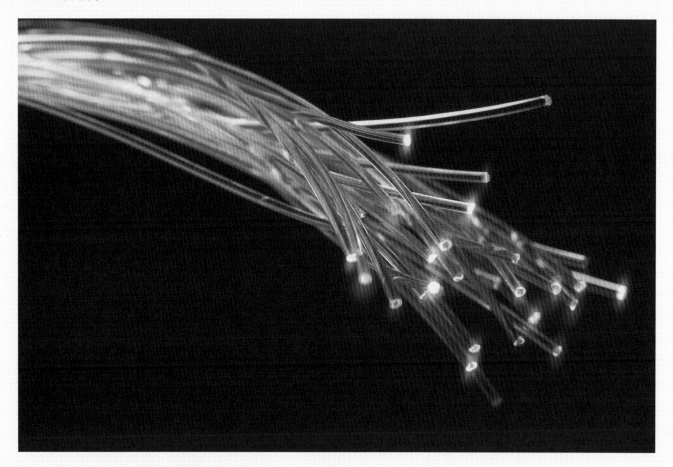

经过光纤的光，会被"困"在光纤里，碰到边缘时，会再反射回来，借由反射再往前传导。光在光纤中不容易散掉，所以只要一个点光源，就可以把光传送到很远的地方。

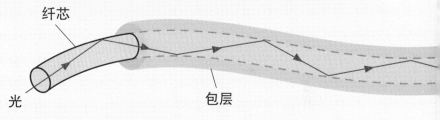

纤芯

光

包层

光纤可以被弯曲折叠，变化性高，目前常被应用在装饰灯具，以及手术内视镜的照明上。

陆上高速运输的新宠儿——磁悬浮列车

　　1981 年，法国国营铁路局的超高速列车（TGV）以每小时 380 公里的速度，创下当时铁路列车行车速度最快的世界纪录。到了 21 世纪，陆上高速运输的新宠儿——磁悬浮列车，以高速、无噪声、平稳舒适、无人驾驶等优点，成为大都市的交通工具之一。2016 年 5 月 6 日，我国首条具有完全自主知识产权的中低速磁悬浮商业运营示范线——长沙磁浮快线开通试运营。另外，中德合作开发的世界第一条磁悬浮商运线——上海磁悬浮列车专线，是世界上第一条商业运营的高架磁悬浮专线。顾名思义，磁悬浮列车就是利用磁力，使车身上浮前进的铁路列车。这项高科技智慧结晶，到底是如何抗拒地心引力，使庞大的车身上浮且高速前进的呢？

磁悬浮列车的推进原理

　　传统的火车是利用旋转式马达将电能转换成机械能推动车轮前进的，而磁悬浮列车的推进力是来自线形马达。线形马达是把一般的圆形马达改成线形，也就是将线圈改成直线方式，排列在车轨两侧。通入交流电后，磁铁线圈会伴随电流的方向而改变它的南、北极性。车身与车轨磁极间靠同性相斥、异性相吸的变化，产生前吸后斥的现象，将列

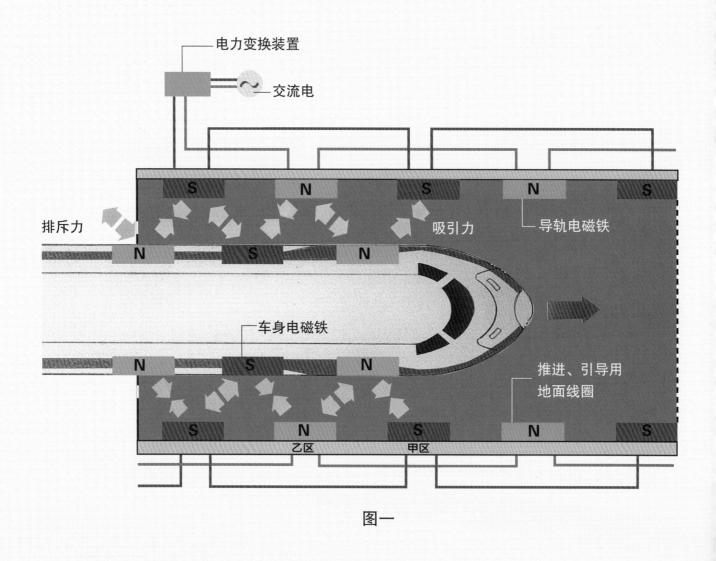

图一

　　线形马达就是排成直线的马达，它是由悬浮、推进用电磁铁与电磁线圈构成的。图一中，输入电流后，使车身的磁极与甲区的磁极产生相吸的极性，而与乙区的磁极产生相斥的极性。列车同时被甲区吸引又被乙区排斥，这样前吸后斥，便能使列车往前行进。

扫一扫，看视频

奇妙的电磁感应

车分段吸引前进。而列车的前进速度、停靠，都由中央电脑系统通过控制电流的电压和频率决定。进站时，只要使部分线圈的磁场极性倒转，电压减小，速度便减慢，推进马达就变成刹车装置，列车便逐渐停止，因此列车不需要司机驾驶。

磁悬浮列车虽然是悬浮在车轨上行进的，但在车身底下也必须装置车轮，起辅助作用，因为列车必须滑行到一定速度后，才能悬浮起来。一旦遇到紧急刹车时，除了使用机械刹车系统，同时也得靠放下轮子摩擦车轨，才能安全地停下来。

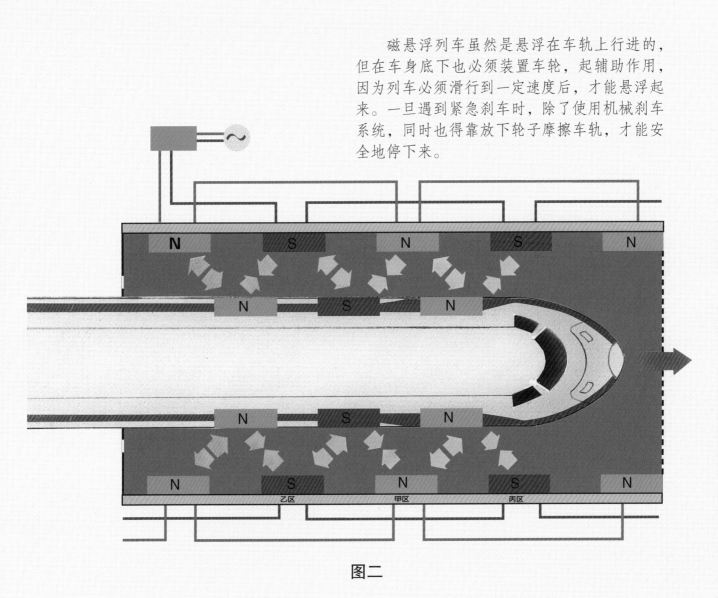

图二

当列车处于图二的位置时，改变电流的方向，使车轨的电磁铁改变南、北极性，车身的磁极与丙区的磁极产生相吸的极性，而与甲区的磁极产生相斥的极性，列车被丙区吸引又被甲区排斥。利用每秒变换数百次方向的电流，来改变轨道两侧电磁铁的南、北极性，于是磁悬浮列车便被分段地吸引前进了。

相斥型磁悬浮列车

　　大家都知道，磁铁同极会有相斥的现象，如果在铁轨和车身布满同极的磁铁，产生的排斥力是不是可以让车身悬浮在车轨上？理论上是可以，但是要使庞大的车身悬浮起来，必须要有强大的磁力才能抵消地心引力。一般的磁铁磁性不强，且维持不久，不适合作为磁悬浮列车前进的动力，因此采用通入电流后就具有磁性的电磁铁。它的好处是只要一切断电流，电磁铁的磁性就会消失，而电流越强，磁力越大。

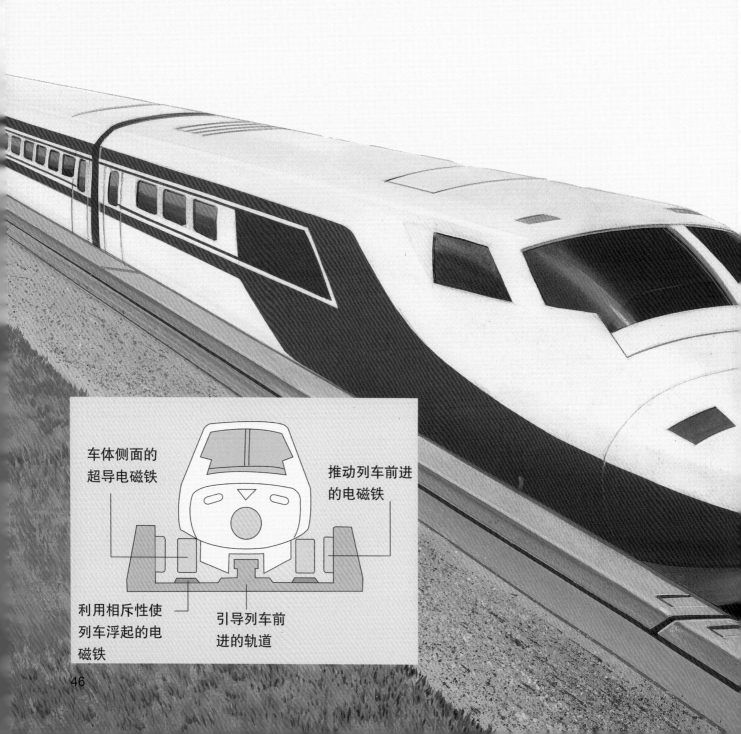

车体侧面的
超导电磁铁

推动列车前进
的电磁铁

利用相斥性使
列车浮起的电
磁铁

引导列车前
进的轨道

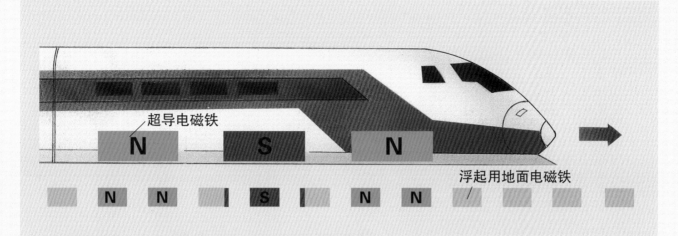

磁悬浮列车的侧面图

通入电流后的电磁铁产生了磁极，当车身与车轨的电磁铁成为同极的时候，两者之间会产生排斥力，这股排斥力使得车身渐渐升高约8厘米。

一般作为电磁铁的导体材料，在通电的时候会产生电阻，一产生电阻，便使一部分电能转换成热能消散。高速行驶中的列车，耗电量相当大。日本铁道综合技术研究所开发的"流线型磁悬浮列车"，是以超导电磁铁的相斥力使车身浮起来的，这样大量耗电的问题就可以解决了。超导体具有一种很奇特的性质，这种物体在接近零下273摄氏度时，便呈现出无电阻状态。因此只要接上电源后，电流便可在超导体中永不停息地流动，电能不会损耗，使超导线圈成为一个"永久"的强力电磁铁。

相吸型磁悬浮列车从外观看不到车轨，这是因为车身将车轨包住，使车身的电磁铁位于车轨下方。通入电流后，因异极相吸作用，使车轨吸引车身上升，并和重力取得平衡后，维持1厘米间隙上浮前进。导引用电磁铁使车身自己循着轨道前进，且可以稳定车身，使车身不会偏离轨道。

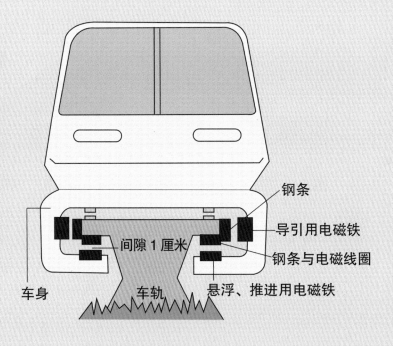

钢条
导引用电磁铁
钢条与电磁线圈
悬浮、推进用电磁铁
间隙1厘米
车身
车轨

电阻

通入电流后，导体会产生阻抗电流流动的现象，使电路中的电能变成热能消耗掉，这就是"电阻"。因此具有电阻的一般导体，在电流通过时会发热。

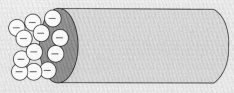

绝缘体

有些材料像橡胶、玻璃等，电子被原子核紧紧束缚住，无法自由流动，因此无法产生电流，这类物质叫作"绝缘体"。

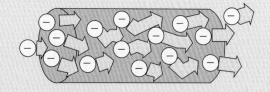

导体

金属类等物质中含有自由电子，可以自由移动而产生电流。电子移动时会相互碰撞而产生热能，消耗部分的能量。

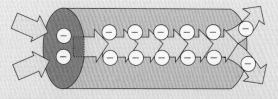

超导体

某些金属合金、化合物在接近零下273摄氏度时，自由电子成对前进，电能在成对的电子之间传递，不会损失，因此没有电阻，这类物质叫作"超导体"。

为了防止车身完全吸附在车轨上，相吸型磁悬浮列车必须采用间隙感测器，来测量车身与车轨之间的距离，并用电脑来控制流经电磁铁的电流，使车身与车轨间的间隙永远保持在 1 厘米以上。当距离小于 1 厘米时，就减小流入车身电磁铁的电流，使磁力减弱，将距离拉开。

相吸型磁悬浮列车

既然磁悬浮列车是利用磁铁的特性上浮，如果车轨和车身的磁铁排列成异极相对，那还浮不浮得起来呢？日本航空公司开发的"高速地铁磁悬浮列车"，以及德国的大都会磁悬浮列车都是相吸型的磁悬浮列车，这是利用磁极间的吸引力和重力取得平衡而上浮。它和相斥型的磁悬浮列车不同的地方是：车身的磁极位于车轨下方。当电流通入电磁铁时，车轨吸起车身，维持约 1 厘米的间隙。

磁悬浮列车内部大公开

　　相吸型与相斥型磁悬浮列车，在技术上、理论上各有优缺点。相斥型磁悬浮列车利用超导电磁铁的强力磁性，使车身上浮约8厘米，在地震频繁的国家和地区中，可以防止震灾造成车身突然下降而发生事故。但是，超导体、极低温和强力磁场，对人体及钟

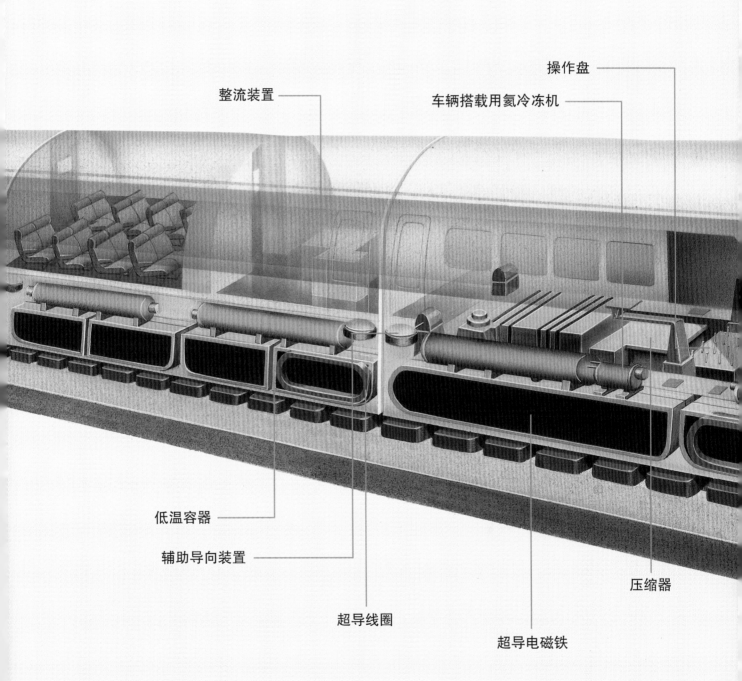

整流装置

操作盘

车辆搭载用氦冷冻机

低温容器

辅助导向装置

超导线圈

超导电磁铁

压缩器

表、节奏器等仪器会造成多大的影响，目前还不知道。相吸型磁悬浮列车虽然不需要利用超导电磁铁，只要运用现有的技术便能实现，但是车身只上浮约1厘米，对地震频繁的国家和地区具有相当危险，上浮距离在技术上是一大考验。

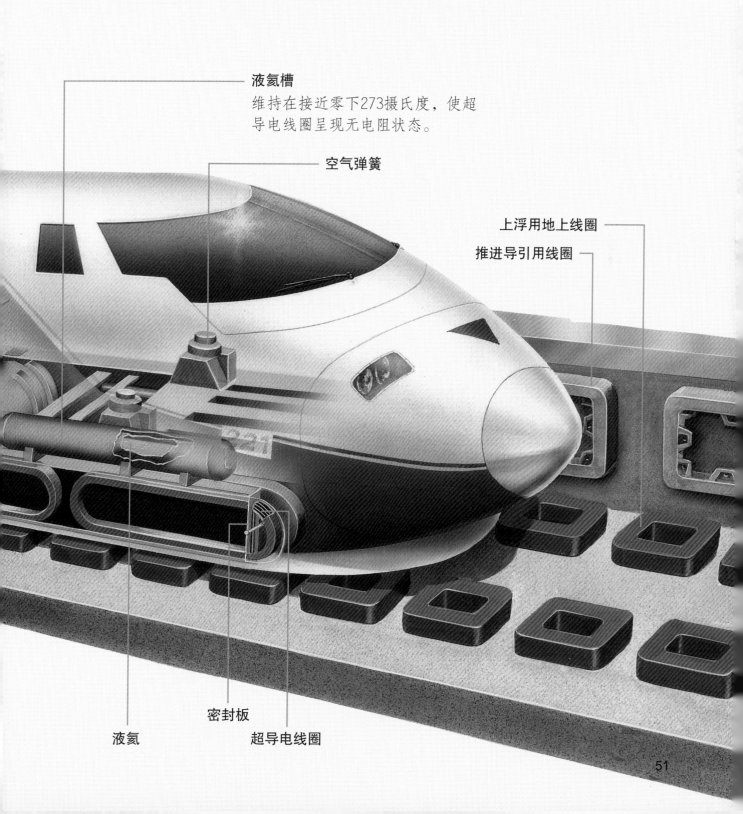

液氦槽
维持在接近零下273摄氏度，使超导电线圈呈现无电阻状态。

空气弹簧

上浮用地上线圈

推进导引用线圈

液氦

密封板

超导电线圈

磁悬浮列车奔向未来

　　在陆地上高速行驶的交通工具，为了减小随速度增快而增大的空气阻力，一般采用流线型的车身。这也是磁悬浮列车与法国的超高速子弹列车的外形十分相似的原因。和普通火车比较起来，磁悬浮列车是上浮前进，不与车轨接触，所以地面震动非常小，而且没有摩擦力的干扰，不会造成噪声公害。铺设的路线没有限制，无论是险峻的山岳或是深入地下都可以畅行无阻，难怪磁悬浮列车会成为未来陆上高速运输的新宠儿。

电池的妙用

小灯泡亮起来了

电线、小灯泡、电池要如何连接，小灯泡才会亮起来?

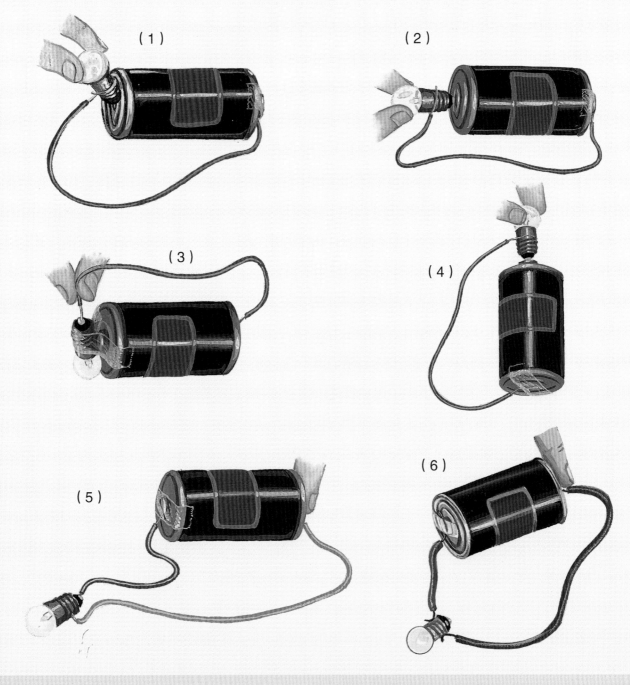

（1）　　　　　　　（2）

（3）　　　　　　　（4）

（5）　　　　　　　（6）

电池和灯泡的连接

用电池连接电线和小灯泡或小马达时，要让电流形成回路，才能使小灯泡亮起来，小马达转动。因此每个部分都要连接在一起，而电线两端一定是一端接正极，一端接负极。如果有两个电池相接，则要一个电池的正极接另一个电池的负极。

电池与小马达的连接方式。

小灯泡在使用时，常会转入灯泡座中。它具有将电池流出来的电交接给小灯泡的功能。

观察力大考验

一、上页图中，哪种连接方法能使小灯泡亮起来？

二、当电线、灯泡座和电池都已连接时，灯泡仍然不亮，可能是哪些原因？请在□内打√。
　　□ 1. 灯泡坏了
　　□ 2. 电池没电
　　□ 3. 灯泡没转紧

三、电池放入手电筒时，要怎么放灯泡才会亮？请在（　）内打√。

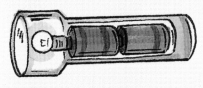

1. （　）

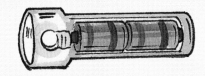

2. （　）

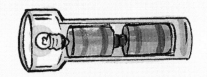

3. （　）

答案：一、(1) (2) (3) (4) (5)　二、1、2　三、1

55

自制电动玩具

运用电池、电线、小灯泡、小马达，制作好玩又有趣的电动玩具。

摩天飞轮

（1）先将电池、电线、小马达和简单开关连接起来，形成一个电路。

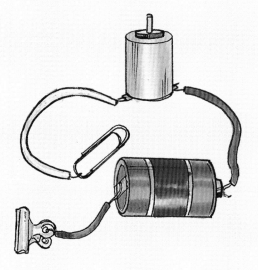

（2）在纸杯底部打两个小洞，并在杯口两侧切出缺口，好让电线通过。把小马达固定在杯底上，再把电池及电路放入杯中，杯外只留简单开关来控制。

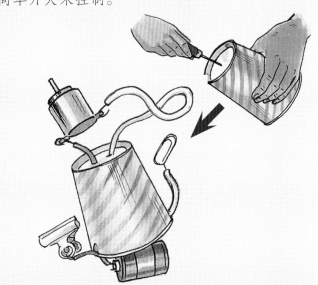

（3）剪一个圆形纸片，边缘加上缀饰，装在小马达上。

（4）只要一通电，摩天飞轮就会转动啦！

赶蝇器

剪一张长条形的硬纸片，在两端打洞绑上抽须的塑料绳，将硬纸片固定在小马达上，电路一接通，就是一个赶蝇器。

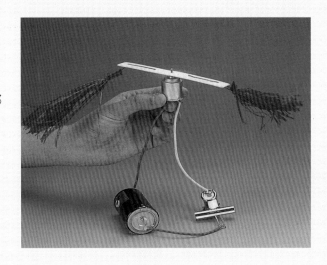

 电池灯笼

（1）剪一张长条形的厚纸板，依虚线折成一个底座，上面打洞，以放置灯泡及灯泡座。

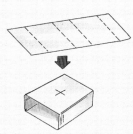

（2）将电池、有电线的灯泡座、简单开关及小灯泡连接起来，形成一个电路。

（3）准备一个空纸盒，将四侧挖出图形，再贴上玻璃纸。

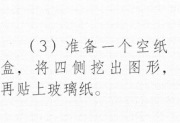

（4）把底座固定在盒底，再将整个电路放入盒中。将电池粘在空纸盒内侧，两个回形针开关则夹在空纸盒边缘。

（5）在空纸盒四边穿上线，再用竹筷当手把，只要回形针互相接触，电路一接通，灯笼就亮起来了。

最佳搭档——电和磁

哼！你太小看我了。我还可以让钉子变成磁铁呢！不相信的话，大家可以一起来试试看。

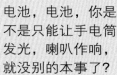

电池，电池，你是不是只能让手电筒发光，喇叭作响，就没别的本事了？

这些可以在五金商店、电器商店买到。

干电池 1.5 伏特，大小各 2 个

铁钉（9 厘米）

砂纸

漆包线（10 米）

准备材料

胶带

泡沫塑料
（20 厘米 × 20 厘米）

20 厘米

20 厘米

金属汤匙

剪刀

冰激凌盒

彩色纸

纸板

回形针

实验一：亮晶晶的迷你树

1

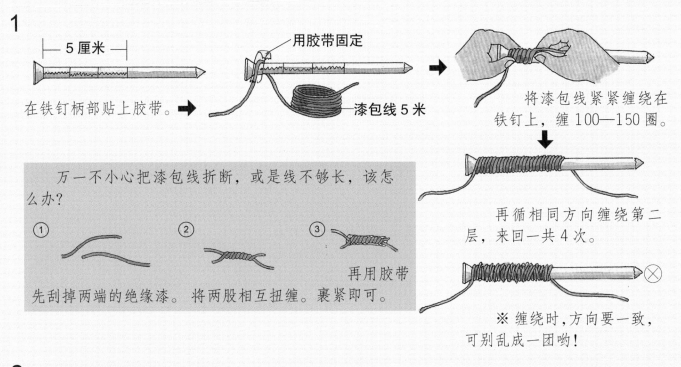

├─ 5厘米 ─┤

在铁钉柄部贴上胶带。→

用胶带固定

漆包线5米

将漆包线紧紧缠绕在铁钉上，缠100—150圈。

万一不小心把漆包线折断，或是线不够长，该怎么办？

① ② ③ 再用胶带

先刮掉两端的绝缘漆。 将两股相互扭缠。 裹紧即可。

再循相同方向缠绕第二层，来回一共4次。

※ 缠绕时，方向要一致，可别乱成一团哟！

2

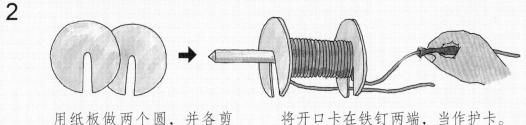

用纸板做两个圆，并各剪一个可把铁钉卡住的开口。

将开口卡在铁钉两端，当作护卡。

※ 把剩下的漆包线两端上的绝缘漆用砂纸磨掉，这样才能导电。

3

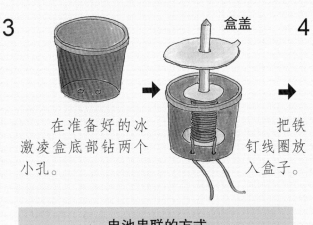

盒盖

在准备好的冰激凌盒底部钻两个小孔。

把铁钉线圈放入盒子。

电池串联的方式
（正、负极要紧密接触）

4

把电池和盒子连接。通电以后，放入回形针。哇！光秃秃的小铁钉变成一棵亮晶晶的迷你树了！

实验二：指南北的小帆船

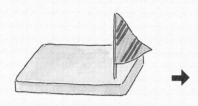

拿一块泡沫塑料板，把它装饰成你喜欢的小船。

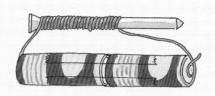

把实验一里的铁钉，接在两个串联的小电池上。

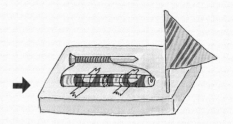

用胶带把它们固定在小船上。

取一个回形针看看能不能被铁钉吸住，要是铁钉没有磁性，就要检查是不是接触不良！

在塑料盆里盛满水，然后为你的小船举行下水典礼！

※ 不要用铁制的盆子装水，否则你的小船会失灵哟！

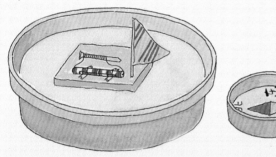

当小船静止以后，将指南针靠水盆边放好，看看铁钉的指向是否和指南针的指向一样呢？

你是不是发现了，无论小船走到哪里，船上的铁钉最后都会在同一个方向静止下来。若是把电池的"＋""－"极颠倒，再让小船重复停在水面几次，用指南针判断小船的方向，看看是不是相反了呢？

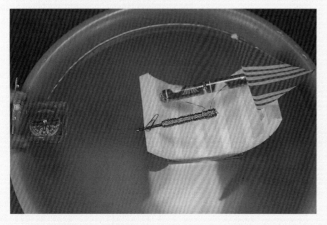

小帆船的船尾指向南边。

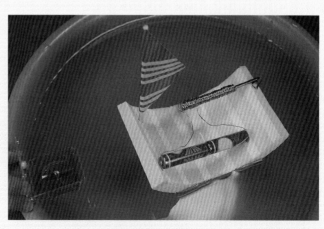

小帆船的船头指向南边。

原来如此

形影不离的最佳搭档

回形针怎么会长在铁钉上呢？原来不会吸附回形针的铁钉，在接通电路以后，摇身一变成了可以吸附回形针的磁铁，但是电流一切断，它又恢复成没有磁性的铁钉了。所以，电流和磁性就像形影不离的好搭档，当电流出现的时候，磁性总会跟在它的身边，这种因为电而产生磁性的装置就叫"电磁铁"。

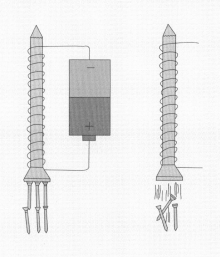

因各种金属制品的含铁成分不同，通电转变成电磁铁时，磁性的强弱便会不同。含铁量较高的铁钉，变成电磁铁后的吸附能力就较强；而含铁量较低的不锈钢汤匙，吸附回形针的能力就比较弱。

看不见的领航员

我们都知道指南针是用很薄很细的磁铁做成的，在一般状况下，它总是指着南北。其中指向北的叫作"北极"，指向南的叫作"南极"。我们用加装了一个带电流的铁钉的小帆船放在水上来模拟"指南针"。当铁钉因为电流的影响而变成电磁铁时，小帆船静止的方向也就跟着受到影响，它变成和指南针一样总是朝着南北方向，而电流的方向就像是小帆船的领航员。事实上，只要你举起右手，也可以做一位小小领航员哟！举起你的右手，伸出拇指，再弯起其他四个指头当作电流的方向，而拇指指示的方向，就是北方。

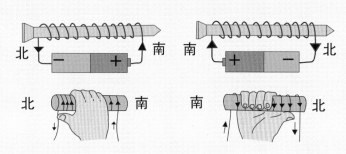

小牛顿科学馆 全新升级版